カラー版

目で見てナットク!

はんだ付け作業

野瀬昌治 著

JN066013

日刊工業新聞社

はじめに

「はんだ付け」は、中学校や高校の授業に取り入れられることが多く、仮に私が「はんだ付けできる？」と尋ねれば、「できるよ」「やったことある！」という答えが返ってくるのではないでしょうか？　このように、はんだ付けは広く一般の方にも馴染みのある技術であり、世の中の電機・電子機器の製造において欠かせない技術でもあります。　はんだ付けの高い技術があったからこそ現代の便利な電機・電子機器が発展、普及してきたと言っても過言ではありません。

はんだ付けの歴史はとても古く、発祥は紀元前3,000年頃（今から5,000年前！）にまで遡ります。　はんだ付けは長い歴史を持ちつつ、現在でも最先端の分野では代替え不可の技術であり、今もなお進化を続けている非常に奥の深いものです。

このように、世の中の電気製品には必ずと言ってよいほど使われているはんだ付け技術ですが、「はんだは、なぜくっつくの？」「はんだ付けの良否は、どうやって判断するの？」「はんだ付けしてみたけど、これはOKなの？」といった基本的なことを知っている人は意外に少ないのです。

私は、一般の方と電話やメールでお話ししたり、電気・電子機器メーカーの方や、はんだ付けセミナーで受講生の方々とお話をしたりするうち、世間一般の方がはんだ付けに対して誤解していることがとても多いことに気付かされました。おそらく、およそ99％の人が誤解・勘違いをしているだろうと考えています。

確かに、はんだ付けは一見すると金属を融かし、その金属が固まることでくっついているように見えます。溶接や接着剤と同じようなものだと錯覚してしまっても不思議ではありません。

しかし、その誤解・勘違いがはんだ付けを難しく感じさせる一番の要因になっています。そこで、はんだ付けを楽しんだり、高性能な電気・電子機器を製造したりするためには、正しいはんだ付けの基礎知識を広く一般の方やメーカーの方に知っていただく必要があると考え、本書を執筆しました。

　これからはんだ付けを始められる方、はんだ付け作業に興味を持った方、数十年はんだ付け作業に携わってきた方にも、本書を通じて少しでも「ああ、そうだったのか！」と思って頂けたら大変嬉しく思います。

★工業的技術としてのはんだ付け

（趣味ではんだ付けされる方は、ここは読み飛ばしていただいても結構です。）

　はんだ付けはＩＳＯ９００１（国際標準化機構）の中で「特殊工程」に位置付けされています。具体的には、はんだ付け作業に携わる作業員にはスキル管理が必要であり、**スキルの確認と資格認定**が必要であるとされています。

　特殊工程とは「見た目で品質が判断できない技術」のことを指します。例えば、ペンキ塗りも特殊工程の一つです。ペンキ塗りは我々素人でも出来るように思えますね。

　刷毛を使って塗ってやれば、そこそこの出来栄えに仕上がります。しかし、ペンキ塗りのプロは、サビ落としや下地処理、適切なペンキの素材選択、マスキング処理など、我々素人よりも多くの必要な手順を踏んで作業を行います。このため、我々素人が塗ったペンキは２～３年でベロリと剥がれるなどの不具合が発生する恐れがありますが、プロの塗ったペンキは長期間美しさを保ちます。このように、**決められた作業手順**

によって正しく作業するしか品質を確保できない作業を「特殊工程」と呼びます。

　その他の特殊工程の例としては、溶接やメッキなどが挙げられます。こうした、溶接やメッキには国家資格があるわけですが、どうしたわけか「はんだ付け」には国家資格がありません。

　はんだ付け技術は、例えるなら寿司職人の修行のようにベテランの職人や先輩の下で作業を真似ることで覚える「目で見て盗め」という教育が長年続けられてきました。(学校の先生でさえ例外ではありません。)「飯炊き3年、握り8年」の世界です。現在でもはんだ付けを理論的に学ぶことのできる機会は非常に少ないのが現実です。このような状況で、はんだ付けのスキルを管理することが出来るのか？　というのははなはだ疑問です。

　冒頭でもお話ししましたが、はんだ付けは誤解や勘違いが非常に多い技術です。電気・電子機器メーカーでも、誤解や勘違いがはんだ付けの不具合を発生させる一番の原因になっています。

　正しい基礎知識を学ぶことは非常に重要です。例えば先ほどの「飯炊き3年、握り8年」の寿司職人の話に戻りますと、実際に理論的な指導を行うことで、3か月で江戸前寿司の職人を養成する学校がTVでも紹介されていました。この学校では、寿司を握るための最適な道具や温度条件（例えば、何グラムの寿司飯を炊いて、寿司飯の温度が何℃まで下がったら酢を何CC投入する……といったこと）、魚のおろし方、材料の良しあしの見分け方などを理論的に学びます。こうして学んだ職人さんが、開業してすぐにミシュランの星を取る例もあるそうです。

　スポーツや武道の世界でも同じです。我々の世代は、「練習中は水を飲むな！」「うさぎ跳びで足腰を鍛えろ！」と根性論で練習をやらされていました。しかし、現在ではプロやオリンピックの選手は科学的にトレーニングしないと勝てなくなってきています。

結論を言いますと、はんだ付け技能を身に付けるためには次の３つが必要です。

１：正しいはんだ付けの基礎知識を学ぶ

２：正しい道具選びができるようになる（道具で８割は決まる）

３：正しい道具の使い方を学ぶ

　本書では、正しいはんだ付けの基礎知識についてお話しします。それでは始めましょう。

1 はんだ付けの接合原理

1-1 はんだ付けとは ……… 12

1-2 はんだの材質と融点(融ける温度) ……… 14

1-3 はんだ付け接合 ……… 16

1-4 はんだ付けに適した温度 ……… 20

第1章のまとめ　ここに気をつけましょう……… 24

2 ハンダゴテの選び方と温度の調整
第2章

2-1 ハンダゴテ選びの重要性 ……… 26

2-2 コテ先温度を250℃に設定して使用すると？ ……… 27

2-3 コテ先温度を上げてみると？ ……… 28

2-4 使いやすいハンダゴテとはんだ付けに最適な温度 ……… 30

第2章のまとめ　ここに気をつけましょう……… 34

3 コテ先の選び方と使用例
第3章

3-1 コテ先には様々な形のものがある ……… 36

3-2 コテ先を正しく選ぶ基準 ……… 38

3-3 揃えておくと便利に使えるコテ先の種類と使用例 …… 41

第3章のまとめ　ここに気をつけましょう……… 46

第4章 コテ台の選び方とお手入れ

第5章 フラックス

第6章 はんだ付けの仕上がり状態

7 第7章 はんだ付け作業の実例

8 第8章 はんだ付けと健康

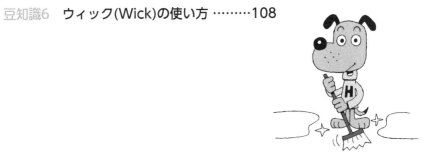

第 **1** 章

はんだ付けの
接合原理

　シンプルに説明すると、はんだ付けとは、金属 (母材) と金属を接合するのに「はんだ」(と呼ばれる合金) を熱して融かし、母材を溶融させないで接合する方法です。

　本書では特に、「ハンダゴテ」を用いてはんだを加熱し、基板や端子に電子部品を接合することを中心にして話を進めます。

　図 1.1.1 に「はんだ付け」技術を使って電子部品を接合した「基板」を示します。この基板は、自動車に搭載されているメーターパネルに使われています。自動車だけでなく、私たちの身の回りにある電気製品には、必ずはんだ付け技術が使われていると言って良いでしょう。

図 1.1.1 はんだ付けで電子部品を接合した基板

図 1.1.2 はんだ付け接合部の拡大写真

図1.1.2に、はんだ付け接合部の拡大写真を示します。ピカッと金属光沢があるところが「はんだ」です。ご覧のように「はんだ付け」とは「はんだ」と呼ばれる合金を熱によって融かして固めることにより、電気的に接合する技術のことを言います。

　さて、このように書くと「金属を融かして固める？」「溶接や接着剤と一緒だね」と誤解される方がいらっしゃいます。見た目はそっくりですが、はんだ付けは溶接や接着剤とは異なります。

　はんだ付けは、溶接のように母材（はんだ付けの対象物）を融かすのでも、接着剤のように金属が融けて母材の微細な凸凹に入り込んで固まることでくっついているのでもありません。そのため、溶接や接着剤とは接合原理が異なります。「いったいどうしてくっついているのか？」について、これから説明します。

1-2　はんだの材質と融点（融ける温度）

　昔から使用されてきた一般的なはんだは、スズ（Sn）と鉛（Pb）を約6：4の重量比で混ぜた合金です。融点（はんだが融ける温度）は約183℃で、金属にしてはたいへん低い温度で融かすことができます。鉛の入ったはんだのことを最近では共晶はんだと呼ぶことが多くなっています（有鉛はんだとも呼ばれます）。

　一方で近年、家電品などに使用されるようになった鉛の入っていないはんだがあります。こちらは、鉛フリーはんだ（Pbフリーはんだ）と呼ばれており、スズが97〜99％で、微量の銅や銀などが混ぜられた合金です。融点は約217〜227℃で共晶はんだと比べて融ける温度が高いため、共晶はんだと比較して使うのが難しく感じます。いずれもスズが主成分であり、はんだ付けの接合にはスズが重要な役割を担っています。鉛フリーはんだを図1.2.1に示します。

一般的なはんだ

鉛フリーはんだ

図 1.2.1 ボビンに巻かれた糸はんだ

※（鉛フリーはんだを使用する際の道具選びやの作業改善については『目で見てわかるはんだ付け作業－鉛フリーはんだ編』でも詳しく解説しています。）

1-3 はんだ付け接合

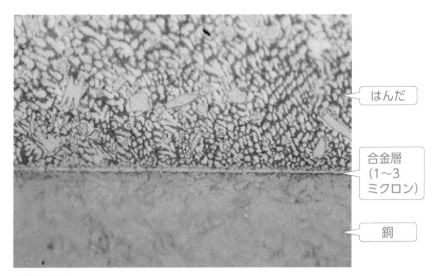

はんだ

合金層
（1～3
ミクロン）

銅

図 1.3.1 はんだ付け接合部の電子顕微鏡写真（480 倍）

　図 1.3.1 に、はんだ付けした接合部を電子顕微鏡によって拡大した
写真を示します。図 1.3.2 のように、基板の銅パターンにはんだ付け
をしたものと考えてください。下が銅の層、上がはんだの層に分かれて
おり、はんだと銅の境界線部分に「ス
ズと銅の合金層」（金属間化合物）が
形成されています。合金層の部分をさ
らに拡大した模式図が**図 1.3.3** です。
基板の銅パターンとはんだの境界部に
銅とスズの合金（CuSn）が形成され
ているのがわかります。

　はんだ付けは、よく接着剤や溶接と
混同されて勘違いされていて「融かし
て固めたらいいだろう」と思われがち

図 1.3.2 銅にはんだ付けをした例

だという話をしましたが、はんだ付けとは、この目に見えない合金層によって接合されているわけです。接着剤は接着剤自体が固まることによってくっつきますし、溶接では母材を融かして固めることにより接合します。一方、はんだ付けはこの合金層を形成することによって接合しているわけです。

　正常なはんだ付けでは、この合金層の厚さは 1 〜 3 ミクロン（μm）しかありません（ちなみにセロハンテープの厚みは約 100 ミクロンです。すなわち、合金層は非常に薄い膜のようなものと考えられます）。

　はんだ付けの接合原理を知ってみると、実は薄い合金層で接合されているわけですから、はんだをたくさん盛っても接合強度は強くならないことがわかります。

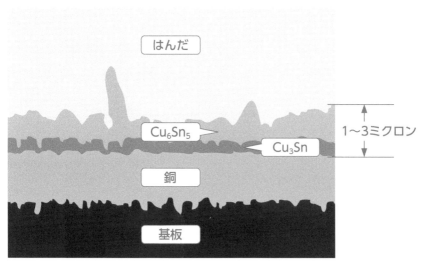

はんだ

Cu$_6$Sn$_5$

Cu$_3$Sn

1〜3ミクロン

銅

基板

図1.3.3　合金属を拡大した模式図

次に、この合金層がどのように形成されていくかを、ごく簡単なモデルにして見てみましょう。

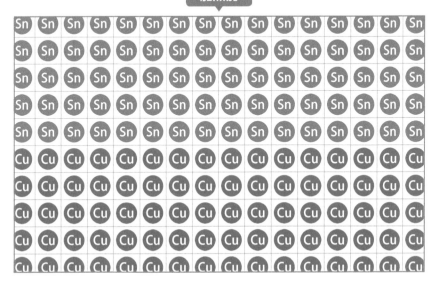

図 1.3.4 常温の銅パターンに融かす前のはんだを置いた模式図

図 1.3.4 は加熱前の銅パターンと融ける前の冷たい固体のはんだを表しています。スズ原子と銅原子が規則正しく並んでいる状態です。

これを加熱したのが図 1.3.5 です。銅パターンとはんだの境界の部分でスズ原子と銅原子が混じり合っている層があります。銅は、はんだの融点（183℃程度の低い温度）では融けませんが、銅原子は「拡散」という物理現象でスズの中に溶け込み、ここで合金を形成します。このスズ原子と銅原子が混じり合っている層こそが、はんだ付け接合を担っている部分です。

加熱後

スズと鉛が混じり
合った合金層

図1.3.5 加熱してスズと鉛が混じりあった模式図

　はんだ付け作業とは、スズの原子を自由に動かせるようにはんだ（スズ）を融かし、銅の原子が活発に拡散できるように熱エネルギーを与える作業であると言い換えても良いかもしれません。

常温ではんだ付け接合が出来る?

固体金属原子の「拡散」は20℃程度の常温でも起こっています。表面が酸化していない銅ブロックとスズブロックを接触させて放置しておくと、銅とスズの原子が常温でも拡散して接合されてしまうと言われています。

絶対零度（マイナス273.15℃）では、原子は運動を停止していますが、20℃程度の常温は、銅やスズにとっては十分高温であり、原子が活発に運動する温度であると言えます。はんだ付けは、この常温にさらに熱エネルギーを与えて、原子の拡散を助けていると考えることも出来ます。

1-4 はんだ付けに適した温度

さて、この合金層を形成するためには、最適な温度条件があります。

図1.4.1のグラフは、はんだ付けの接合温度と接合強度の関係を表したものです。約250℃の時に接合強度が最も強くなることがわかります。

ということは、約250℃の温度で、1〜3ミクロンの合金層を形成するだけの熱エネルギーを与えてやるのが理想的です。はんだ付けの対象物の大きさにもよりますが、溶融はんだと母材の温度をおよそ3秒程度、約250℃に保ってやれば理想的なはんだ付けができるわけです。

熱エネルギーが不足すると十分な合金層が形成されませんし、熱エネルギーを与えすぎると合金層が成長しすぎて逆に脆くなってしまいます。（前述の簡単なモデル図1.3.5では、拡散して移動した原子の位置

が空いて空洞になっています。合金層が成長し過ぎると、この空洞がどんどん増えて脆くなってしまうわけです。）

　適切な温度を調整することが、はんだ付けの良し悪しを決めるわけですね。

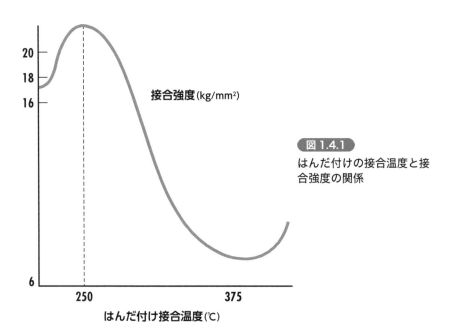

図 1.4.1
はんだ付けの接合温度と接合強度の関係

ココがポイント！

はんだ付けは銅とスズの合金層を形成することで接合します。
はんだ付けに最適な温度条件は、溶融はんだと母材の温度を約250℃で、約3秒間保つことです。

ココがポイント！

はんだの融点は約183℃です。一般的なはんだはスズと鉛の合金です。

※鉛フリーはんだの融点は約217〜227℃。スズが97〜99％で、銅や銀が添加されています。

はんだ付けと毛細管現象

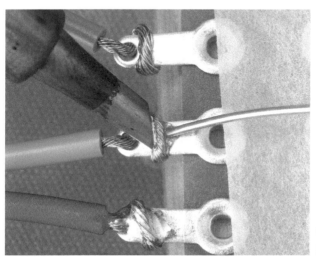

はんだを溶かす様子

　図 c1.1 に、実際にハンダゴテを使ってはんだを溶かしている様子を示します。はんだ付け作業は母材をハンダゴテで加熱して温め、糸はんだを溶かして母材に流し込み、さらに、スズと銅の合金層を形成することで接合します。

　このとき、溶かしたはんだを母材に流し込むには、毛細管現象と濡れ（ヌレ）という現象を利用します。はんだ付けをやっている方なら「まったく濡れないなあ…」などということを聞くこともあると思いますので、説明しておきます。

　図 c1.2 のように乾いた布を水の入ったコップに半分つけてかけておくと、水が布に吸い上げられて、まもなくコップの外へ水がポタポタと滴り落ちるようにります。みなさんも小学生の時に実験したことがあるのではないでしょうか。

　液体は分子同士が引っ張り合う力によって、できるだけ体積を小さく
しようとし、空気と触れている表面積を小さくしようとします。このた
め、図 c1.3 のように、液体は板状や繊維状のせまい箇所があると吸い
込まれるようにして、その隙間に入り込んでいきます。この現象により、
溶けたハンダは束ねたリード線や部品との隙間に入り込んでいってくれ
るわけです。

図 c1.3　液体が隙間に入り込む様子

ココがポイント！

はんだを母材に流し込
む原理は、重ね合わせ
たガラスに水を一滴た
らすと、水が隙間に広
がるのと同じ現象です。

第 1 章 の ま と め

ここに気をつけましょう

● はんだは非常に薄い合金層で接合されていますので、たくさん盛っても接合強度は強くなりません。適切な量を使用しましょう。

● はんだ付けの理想的な接合温度は約 250℃です。温度の調整がはんだ付けの良し悪しを左右します。

第 **2** 章

ハンダゴテの選び方と
温度の調整

図 2.1.1 はハンダゴテを使って実際にはんだ付けをしている時の様子です。ハンダゴテの役割は、母材（はんだ付けの対象物）と融かしたはんだの温度を約 250℃にまで温めることです。あるいは、はんだ付けに最適な熱エネルギーを与えることと言っても良いでしょう。

「ハンダゴテ」とその「コテ先」の選択は非常に重要です。はんだ付けが上手くいくかどうかは、この選択にかかっていると言っても過言ではありません。腕前や技術を磨くよりも、適切なハンダゴテを選ぶ知識を持つことの方が重要です。

ところが、はんだ付け作業をされる方のほとんどは、「たまたま家にあった」「たまたま店頭に並んでいた」「会社では皆このハンダゴテを使っている」といった理由でハンダゴテを選んでいます。これでは、たまたま上手にはんだ付けできることがあっても、いつでも必ず成功するとは限りません。

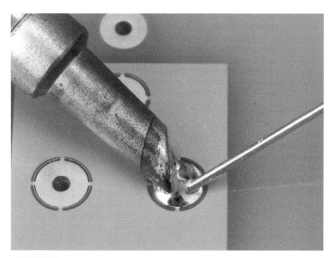

図2.1.1 はんだ付けの様子

2-2 コテ先温度を250℃に設定して使用すると？

　さて、ここで一つ誤解されないように解説しておきます。「母材（はんだ付けの対象物）と融かしたはんだの温度を約250℃にまで温めることが必要だ」という話をすると、「では、コテ先の温度を250℃に設定すれば良いね」と早合点する方がいらっしゃいます。

　ところが、これを実際に試してみますと、はんだをまったく融かすことが出来ません。その理由は、図2.2.1に示すように、コテ先表面、基板表面、基板パターン、糸はんだから、熱伝導や大気中への放熱によってどんどん熱が逃げていくためです。この熱の逃げがあるために、コテ先温度が250℃のコテ先を当てても母材と融かしたはんだの温度を約250℃にまで温めることは出来ません。同様に、250～320℃程度のコテ先温度の場合、母材がよほど小さくないと熱が逃げてしまうため、はんだを融かすことは難しくなります（耐熱温度が特に低い電子部品では、例外的に300℃程度で使用することがあります）。

図2.2.1 放熱と熱伝導による熱の逃げ

　では、逆にコテ先温度を高温（約 400℃）に上げてみるとどうでしょうか？　温度が高いコテ先であれば熱エネルギーを多く供給することが出来るため、手っ取り早くはんだを融かせるのでしょうか？　作業効率は上がるでしょうか？

　実は上手くいきません。皆さんは新品の鉄製フライパンを初めて使用する時、銀色に輝いているフライパンを熱すると、黒く変色することをご存知だと思います。これはフライパンの表面が酸化して酸化膜が出来るからなのですが、ハンダゴテのコテ先にも同じことが起こります。

　図 2.3.1 は酸化したコテ先です。コテ先が酸化すると、コテ先が酸化被膜に覆われてしまうため、コテ先ははんだを弾いて濡れなくなってしまいます。

図 2.3.1　酸化したコテ先

図 2.3.2　はんだを弾く酸化したコテ先

　図2.3.2ははんだを弾く酸化したコテ先の写真です。糸はんだがコテ先に触れてもなかなか融けずに、融けた後もはんだが水玉のように丸くなっているのがわかります。

　良い状態のコテ先（酸化していないコテ先）は、図2.3.3のように糸はんだが触れただけで融け、はんだはコテ先に薄く濡れ広がります。

　酸化したコテ先では、熱を伝えることが出来ないため、コテ先温度が高いのにはんだが融けないという現象が起こります。また、酸化したコテ先では、正しいはんだ付け作業を行うためのテクニックが使えなくなります。

※ハンダゴテのコテ先を酸化させずに保つ方法や、酸化したコテ先を復活させるメンテナンス、正しいはんだ付けを行うためのテクニックについては『目で見てわかるはんだ付け作業の実践テクニック』をご覧ください。

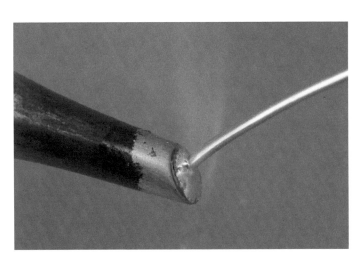

図2.3.3　薄く濡れ広がるはんだ

　はんだ付けでは 360℃に壁があり、360℃を超えたコテ先温度で形成された酸化膜はクリーニング用のスポンジでは除去できません。したがって、ハンダゴテのコテ先温度の上限は 360℃までに抑えておいた方が良いでしょう（よほど特別な事情が無い限り）。

　実は、はんだ付けが上手くできない原因のほとんどが、酸化したままのコテ先を使用しているためです。温度調節機能のないハンダゴテは、コテ先温度が 450℃程度まで上昇します。これでは電源を入れた瞬間から酸化が始まってしまい、二度と元に戻すことは出来ません。また、融点の高い鉛フリーはんだを使う際に、コテ先温度を 380 ～ 420℃程度まで高く設定して使用している方がいますが、このような使い方では常に酸化したコテ先を使用していることになります。これでは正しく美しいはんだ付けが出来ません。

　では、美しくはんだ付けするためには、どのようなハンダゴテを選べばよいのでしょうか？　結論を言いますと、初心者の方であっても「温度調節機能がついているハンダゴテ」の使用をおすすめします。そしてコテ先の温度は約 340 ～ 350℃近くに調節します。この温度はコテ先が酸化しにくく、熱エネルギーを最も効率よく伝えることが出来ます。

　もし、コテ先温度を約 340 ～ 350℃に設定してもはんだを簡単に融かすことが出来ない場合は、使用しているハンダゴテのパワーが足りません。使用できる範囲でコテ先を太いものに交換して、それでも融けない場合は、高出力のハンダゴテを導入したほうが良いでしょう。

　現在、普及している温度調整機能付きのハンダゴテのパワーは、50 ～ 70 Wです。ハンダゴテメーカーからは、高出力のハンダゴテが多数販売されています。デモ機を借りて試すことができますので、最適なハンダゴテを選んでください。温度調整機能付きハンダゴテの例を**図 2.4.1** から**図 2.4.4** に示します（2020 年 11 月現在）。

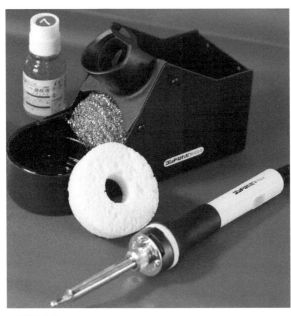

コテ先温度を 350℃に
最適化。一般的な電子
工作用の廉価版モデル。

図 2.4.1 80 Wクラスのハンダゴテの例（GOOT 製、PX-335）

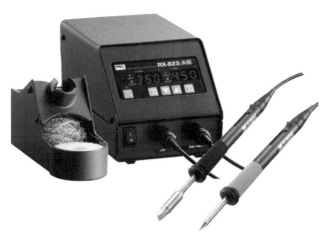

図 2.4.2 150 W +80W を 2 本使用できるハンダゴテ（GOOT 製、RX-822AS）

コテ先交換が容易でコテ先温度を別々に設定可能。コテ先の交換で 80W+80W、
150W+80W、150W + 36W、80W + 36W、36W + 36W に簡単に変更可能な
プロ仕様のモデル。

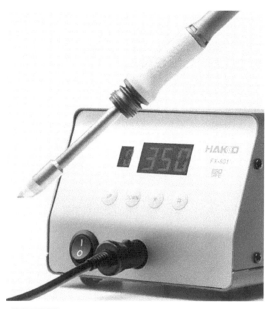

大きな熱量を必要とするトランスなどの電子部品のはんだ付けが可能な超高出力のハンダゴテ。小型かつ軽量だが高出力を得られるため、基板実装に使用可能なプロ仕様のモデル。

図2.4.3 300 Wの高出力ハンダゴテ（HAKKO製、FX-801）

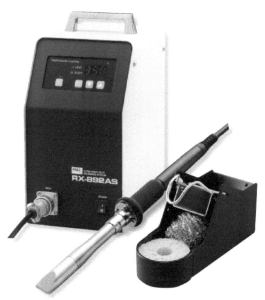

板金や極太の電力ケーブルなどのはんだ付けが可能な、大型のハンダゴテ。従来、両手で持つのがやっとだった超大型ハンダゴテを小型化した高性能なハンダゴテ。

図2.4.4 500 Wの超ハイパワーハンダゴテ（GOOT製、RX-892AS）

豆知識 2 濡れ（ヌレ）の良し悪し

濡れ（ヌレ）という言葉は、はんだ付けではよく使用します。「濡れ性が悪い」「良く濡れる」といった使い方をします。

「水に濡れた」「ずぶ濡れになった」という使い方と同じ表現です。濡れた状態とは、図 c2.1 のように、はんだが薄く広がり母材に触れる面積が大きくなっている状態を指します。

逆に濡れていない状態とは、図 c2.2 のようにはんだが玉状になってしまい、母材と触れる面積がほとんどない状態です。

合金層を形成するためには当然、濡れ性が良くないといけません。はんだが母材を弾いてしまっている状態では、はんだ付けはできません。

ココがポイント！

母材が錆びていたり、手の脂が付着したりすると「濡れ性が悪い」状態になりますので、部品の保管や取り扱いには注意しましょう。

図 c2.1 濡れた状態（銅板）

図 c2.2 濡れていない状態（アルミ板）

第 2 章 の ま と め

ここに気をつけましょう

●接合温度を約 250℃にするためには、コテ先の温度を 340 ～ 350℃に維持するよう心がけましょう。温度調節機能付きのハンダゴテがおすすめです。

●ハンダゴテの温度が高くなりすぎると、コテ先は酸化してしまいます。酸化したコテ先では、正しいはんだ付けができません。

第 3 章

コテ先の選び方と使用例

図 3.1.1 に一般的によく使用される形状のコテ先を示します。

ハンダゴテの性能を引き出すためには、コテ先の形状選びが非常に重要です。いくら高価で高性能のハンダゴテを購入しても、コテ先の選択を誤れば、その性能を十分に引き出すことは出来ません。

通常、ハンダゴテを購入すると、図 3.1.2 のような鉛筆を削ったような形状（B型、または円錐状と呼ばれることが多い）のコテ先が付属しています。

ただし、それはこの形状が万能で一番優れているという理由からではありません（価格が安いからだと思われます）。ひとつ問題なのは、どこのハンダゴテメーカーも標準でこのコテ先を付けているため、一般の方は、このコテ先を標準の（あるいは万能の）コテ先だと勘違いしてしまうことです。ホームセンターなどの店頭では他の太さ、形状のコテ先は扱っていないこともあり、このコテ先を使わざるを得ない環境に置かれています（この環境が改善されるだけでも世の中のはんだ付けに対する誤解や勘違いがかなり減少すると思います）。

コテ先に万能のものはなく、はんだ付けをしたい母材（対象）によって、コテ先の太さ形状を選択します。ゴルフに例えると、飛ばしたい距離に応じてクラブを選択するような、釣りに例えるなら、釣りたい魚に応じてロッドを選択するようなイメージです（小ブナ釣りをするのにイシダイ用のロッドを使うのは無理がありますね？　逆もまた真なりです）。

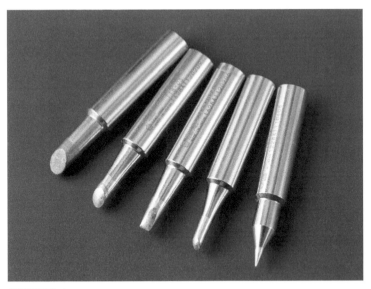

図3.1.1　様々なコテ先

図3.1.2　B型のコテ先

では、コテ先を選択する基準は何でしょうか？　大切なのは、母材との接触面積をなるべく大きくして、熱を効率よく伝えることができるかどうかです。

例えば、図3.2.1、図3.2.2は、エンピツ型のコテ先ではんだ付けしようとコテ先を当てたところですが、コテ先と母材が点でしか接触して

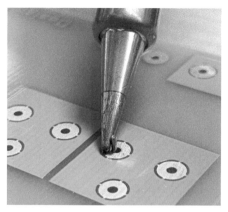

図3.2.1 B型（エンピツ型）コテ先の使用例

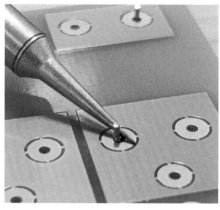

図3.2.2 細いB型（細いエンピツ型）の使用例

いません。これでは、なかなか熱が伝わらず、母材の温度を上げるのにとても時間がかかってしまいます。コテ先に触れた箇所のはんだは部分的に融けますが、はんだが流れ出す前に糸はんだに含まれたフラックスが蒸発して、化学的な活性力が失われてしまいます（オーバーヒート不良になります）。

　ところが、たとえば**図3.2.3**のような形状のコテ先（C型：丸棒を斜めにカットした形状のコテ先）では、コテ先が母材に面や線で接触で

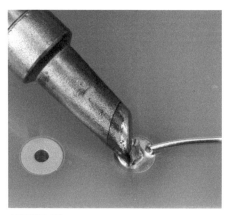

図3.2.3　C型コテ先の使用例

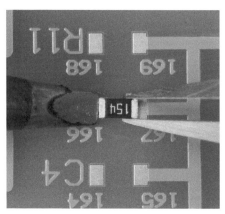

図3.2.4　D型（マイナスドライバー型）コテ先の使用例

きるため、熱を効率よく伝えることが可能です。

　また、チップ抵抗などの表面実装部品の場合は、基板のランド面と部品の端子の両方にコテ先をピッタリ当てる必要があります。そのため、図 3.2.4 のような形状のコテ先（D 型：先端がマイナスドライバーのような形状になっているコテ先）の方が熱を伝えやすく、容易にはんだ付け出来ます。

　特殊な形状のコテ先としては、図 3.2.5 のような形状のコテ先（二股型、R 型などと呼ばれます）があります。このコテ先を使えば、大きな熱量が必要で裏面まで熱を伝える必要のあるスルーホール基板（118 頁参照）であっても効率よくはんだ付けすることが可能となります（コテ先を丸いランドとリードの半分以上の部分に接触させることができます）。

　いかがでしょう？　ハンダゴテを購入した場合、はんだ付けの対象物に応じて選択、交換できるコテ先を何種類か持っていたほうが有利なのがおわかりいただけると思います。

図 3.2.5 ● R 型（二股型）コテ先の使用例

揃えておくと便利に使えるコテ先の種類と使用例

　ここで、私が持っていたほうが良いと考えるコテ先と、その使用例とを合わせて紹介します。

①C型（斜めカット型）

　図 3.3.1 に C 型のコテ先を示します。丸棒を斜めにカットした形状のコテ先です。丸棒の太さ（直径）によって 1C、2C、3C、4C、5C

図 3.3.1　2C、4C 型のコテ先

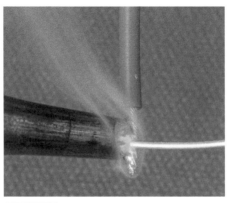

図 3.3.2　3C のコテ先を使ったリード線への予備はんだ作業

などと表されます。（例えば、直径2mmの丸棒を斜めにカットしていれば2Cと表します）。

　図3.3.2に示すように、ケーブルの芯線に予備はんだを行う際に、太めのC型コテ先を使用すると作業がやりやすくなります（予備はんだは、コネクタなどにケーブルをはんだ付けする前の準備作業として行います）。

図3.3.3 2Cのコテ先を使ったDサブコネクタ
カップ端子へのはんだ付け

図3.3.4 5Cのコテ先を使った大型コネクタ、
太いケーブルのはんだ付け

また、**図3.3.3**や**図3.3.4**のようにコネクタのカップ端子へケーブルをはんだ付けする場合には、ケーブルやカップ端子の太さに合わせてコテ先を選択すると適切な熱エネルギーを的確に供給することが出来ます。

②D型（マイナスドライバー型）

図3.3.5にD型のコテ先を示します。マイナスドライバーのように先端が平らに削られた形状です。平らな面の大きさを0.6D、1.2D、1.6D、2.4Dなどと基板のパターンに合わせて選ぶことができます。**図3.3.6**のように2.4Dの2.4は、この部分の幅を示します。

D型のコテ先は、表面実装部品に適した形状です。図3.2.4のような

図3.3.5 D型のコテ先

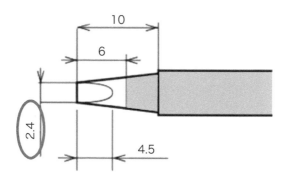

図3.3.6 D型のコテ先の数字が示す部分

チップ抵抗や、チップコンデンサなどのはんだ付けだけでなく、**図3.3.7**
や**図3.3.8**のように、SOPやQFPにも接触させやすい形状をしていま
す。2.4D、3.2Dの太さが使いやすいでしょう。

　いかがでしょうか？　このように、実際にはんだ付けする時によく使
用するのは、C型やD型のコテ先になります。そのため、標準で付属し
ているB型（エンピツ型）のコテ先は、使用する前に外して交換したほ
うが賢明ですね。

図3.3.7 2.4 Dのコテ先を使用した SOP の実装

図3.3.8 2.4 Dのコテ先を使用した QFP の実装

共晶とは？

　共晶はんだの「共晶」とはどういう意味でしょうか？　２つないし３つの金属を混ぜたとき、一番低い温度で融ける配合になるものを共晶合金と言います。図 c3.1 は、共晶合金を説明する際、よく使われる２元系状態図を簡略化したものです。鉛が100％の時は融点が327.5℃、スズが100％の時は融点が231.9℃になるということを表しています。

　常識的に考えると、この２種類の金属を混ぜ合わせた時には、中間の270℃程度が融点になりそうですね。ところが、共晶合金ではスズと鉛を約６：４の割合で混ぜた時に、なんと183℃まで融点が下がります。この図は、そのようなことを表しています。

　ここでは「共晶とは、そういうことなんだ……」ということを知っていただければよいでしょう。

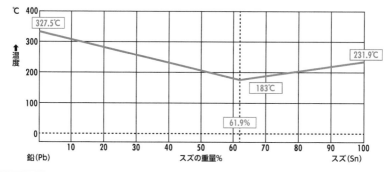

図 c3.1　スズ（sn）と鉛（Pb）の２元系状態図を簡略化した図

ココがポイント！

たとえば、水は0℃で固まり（凍り）ますが、塩を混ぜると0℃になっても凍りません。金属でも同じような現象が起こるわけです。

第 3 章 の ま と め

ここに気をつけましょう

●ハンダゴテに付属しているコテ先では、上手くはんだ付けできないことがほとんどです。はんだ付けの対象物に応じて、適したコテ先形状を選ぶよう心がけましょう。

●使いやすいコテ先は、母材に熱を伝えやすい形状をしています。おすすめはＣ型やＤ型のコテ先です。

第**4**章

コテ台の選び方と
お手入れ

　図 4.1.1、図 4.1.2 にコテ台の例を示します。コテ台にもいろいろな機能を持つものがあります。コテ先をクリーニングするためのスポンジがセットされているもの、クリーニング用の金属ワイヤーがセットされているもの、その両方がセットされているもの、交換用のコテ先を並べ

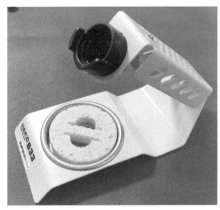

図4.1.1 コテ台の例
（HAKKO 製、HAKKO633）

図4.1.2 コテ台の例
（GOOT 製、ST-22）

て置けるようになっているもの、コテ台にハンダゴテを置いた際に、コ
テ先温度が（コテ先の酸化防止のため）200℃程度まで下がるような機
能を持つもの、など様々です。

　ホームセンターなどの店頭では簡易的なものしか販売されておらず、
重要視されることが少ないパーツですが、コテ台次第で作業性は大きく
変わります。

　ハンダゴテは非常に高温になるため、不安定なコテ台では危険です。
電源コードの張力に負けて熱いハンダゴテが勝手に倒れたり、飛び出し
たりすると、目を怪我したり、火傷を負ったり、周囲の物体を傷つけて
しまったりする恐れがあります。少々コードに引っかかった程度ではハ
ンダゴテが飛び上がったりしないような、重量のあるしっかりしたもの
を選ぶことが重要です。

　温度コントローラーが別になったステーション型ハンダゴテであれ
ば、図 4.1.3 のように標準でしっかりしたコテ台がセットされていま
すので、そちらを使えば大丈夫です。

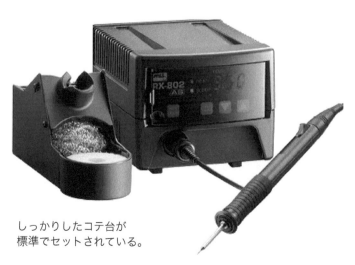

しっかりしたコテ台が
標準でセットされている。

図4.1.3 ステーション型ハンダゴテの例（GOOT 製、RX-812AS）

①コテ先掃除用のスポンジを使用する

　図 4.2.1 にコテ先掃除用のスポンジを示します。ほとんどの場合、コテ台にセットで付属しており、安価なものですが使用頻度が高く、重要なパーツです。ハンダゴテは単体で販売されることも多いため、スポンジを持っていない方もいますが、必需品ですので買い揃えましょう。

　実際にはんだ付けを行ってみるとわかりますが、図 4.2.2 に示すように、コテ先にははんだが酸化したカスや、フラックスの焼けたものなどの不純物が、かなりの頻度で付着します。図 4.2.3 と比較するとその違いがはっきりと分かります。

　不純物が付着した状態ではんだ付け作業を行うと、コテ先の熱が母材に伝わらなくなり、融けたはんだの中にこれらの不純物が取り込まれてしまいます。深刻なはんだ付け不良の原因となりますので、はんだ付け作業中はコテ先を常に確認し、汚れている場合は掃除を行います。

図 4.2.1　コテ先掃除用スポンジの例（HAKKO 製、A1519）

スポンジは水で濡らして使用します。このとき、スポンジに水が滴るほど水を含ませてしまうのは、高温のコテ先をいきなりジュッと水につけているのと同じことになってしまい、急激な温度低下を招きます。急激な温度低下はヒートショックを引き起こし、コテ先に施されたメッキにダメージを与えるため、コテ先寿命を縮めます。

図4.2.2 コテ先の不純物

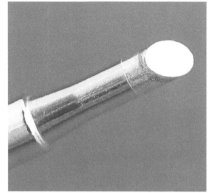

図4.2.3 きれいなコテ先

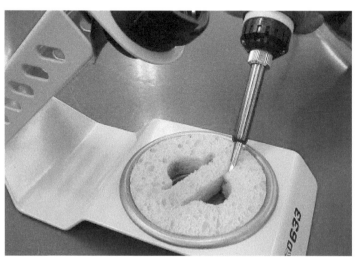

図4.2.4 穴の角を使うと汚れが落ちやすい

このため、スポンジは指でつまんでも水がポタポタと落ちない程度まで絞って使います。ただし、水分が蒸発して乾きすぎるとスポンジが焼けてしまいますので、定期的に指で触れてみて水分量を確認することが必要です。

　スポンジを使ってコテ先を掃除する方法を説明します。スポンジには図 4.2.4 に示すように丸い穴やスリット状の穴が空いています。もし穴が空いていない場合は、図 4.2.5 のような V 字の溝をハサミで作って使用します。この穴や V 字の溝を使って、コテ先全体をまんべんなく掃除できるよう回転させながら、はんだやゴミをこそげ落とします。

　スポンジの角を使うと穴の中にはんだクズが落ちるため、スポンジの表面がはんだクズで汚れません。逆に、スポンジの平らな部分で掃除すると、スポンジ表面が除去されたはんだクズやフラックスの焦げなどでいっぱいになり、掃除できなくなってしまいます（図 4.2.6 参照）。

図 4.2.5　V 字にカットしたスポンジ

図 4.2.6 表面がはんだで汚れて掃除できなくなったスポンジ

図 4.2.7 クリーニングワイヤー（HAKKO 製、599B）

②クリーニングワイヤーを使用する

　図 4.2.7 にコテ先掃除用のクリーニングワイヤーを示します。この
ワイヤーは、金属の薄い板をコイル状に巻いたもので、弾力のある金属
タワシのような感触（柔らかさ）を持ちます。（図 4.2.8 参照）

　表面にはフラックスがコーティングされていますので、掃除した後の
コテ先は、新鮮なはんだで薄くコーティングされた状態に仕上がります。
これは、はんだ付け作業には非常に有益な状態です。

　スポンジとは異なり水を使用しないため、コテ先の急激な温度低下が
なく、ヒートショックによるコテ先の劣化が少なくなります。ただし、

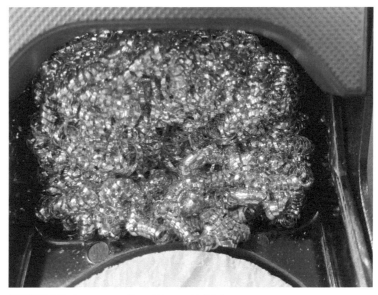

図 4.2.8　クリーニングワイヤーの拡大図

金属製のタワシでこするように使用しますので、コテ先の寿命が延びる効果があるわけではありません。

クリーニングワイヤーは、太いコテ先に使用すると掃除して落としたハンダが再付着することが多いため、細いコテ先の掃除に向いています。（細めのＣ型，Ｄ型などのコテ先を掃除するのに適しています。）

図4.2.9のようにクリーニングワイヤーをコテ先で「グサッ、グサッ」と突き刺すようにして掃除します。コテ先の掃除が完了した後は、コテ先が融けたはんだで薄くコーティングされている状態になるとよいでしょう。

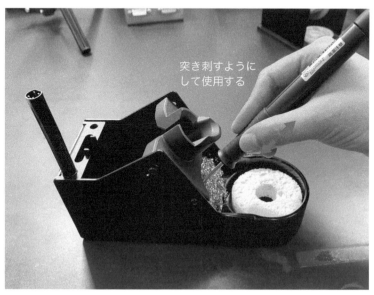

突き刺すようにして使用する

図4.2.9 クリーニングワイヤーの使用方法

様々なはんだの使用形態

　はんだは、様々な形状で使われます。ここでは、そんな多様なはんだを見ていきましょう。ハンダゴテを使ったはんだ付け作業に使われるのは、主にボビンに巻かれた「ヤニ入り糸はんだ」です（**図 c4.1**）。

図 c4.1
ヤニ入り糸はんだ

　はんだ槽と呼ばれる金属容器の中で、はんだを液状に融かした状態で使うには、金の延べ棒のような「棒はんだ」を使用します（**図 c4.2**）。

図 c4.2
棒はんだ

シート状に伸ばして様々な形状にカットして使用する「シートはんだ」もあります（**図 c4.3**）。

　はんだを微粉末にして、フラックスで練ったはんだは、粘土のようなペースト状です。主に自動はんだ付け装置のラインで使用される「クリームハンダ」です（**図 c4.4**）。

　他にもボール状の「ボールはんだ」、リング状の「リングはんだ」などいろいろな形で使用されます。

　本書では、特にハンダゴテを使ったはんだ付け作業に主に使われる「ヤニ入り糸はんだ」について解説しています。

第4章のまとめ

ここに気をつけましょう

●コテ台は重要視されることの少ないパーツですが、作業性に大きく影響します。重量のあるしっかりしたコテ台を使用しましょう。

●コテ先の掃除にはスポンジやクリーニングワイヤーを使用します。コテ先に不純物が付着したままでは、はんだ付け不良の原因となりますので、こまめに掃除しましょう。

第 5 章

フラックス

フラックスは、松ヤニなどから作られる天然樹脂に化学物質を添加して作られています。IPA（イソプロピールアルコール）で希釈されて液体で使用されることが多く、色はすきとおった黄色がかった茶色をしています。

フラックスはハンダゴテを使ったはんだ付けに必要なもので、**図5.1.1** のような小さなボトルに入った液体を塗布して使用したり、糸はんだの内部に充填されていて、はんだ付けの際に溶けだしてくるようになっており、気づかないうちに使用されていたりします。

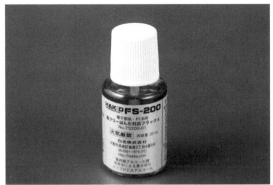

図5.1.1 プリント基板用フラックス
（上：GOOT 製、BS-75B、下：HAKKO 製、FS-200）

　図 5.1.2 に、はんだ付け作業完了後に観察できる、糸はんだから出てきたフラックスが固まったもの（残渣）を示します。

　フラックスは、はんだ付けの中で、とても重要な役割をしています。フラックス無くしてはんだ付けはできません。ハンダゴテを使ったはんだ付けの技術は、実は「いかにフラックスを上手に活用するか」にかかっていると言っても過言ではないでしょう。

図5.1.2 はんだ付け完成後のフラックス（フラックス残渣）

5-2　フラックスの役割

　フラックスには、**図 5.2.1** のように、大きな役割が 3 つあります。

①表面洗浄作用があり、金属の表面や、融けたはんだ表面の酸化膜や汚れを科学的に除去する。

②はんだの表面張力を低下させ、融けてもボソボソしているはんだを液状化してはんだの濡れ（流れ）を良くする。

③ハンダゴテを当てている間、金属の表面を覆い、金属の再酸化を防ぐ。

　フラックスは、はんだよりも低い温度（約90℃）で溶けるため、はんだよりも先に溶けて母材の金属表面を覆います。この時、①の表面洗浄作用が働き、金属表面の酸化膜や汚れを洗います。そしてフラックスの後を追って融けたはんだが、フラックスでキレイに洗浄された母材の金属表面を流れていきます。この時、②の働きではんだの粘りが弱くなり、より流れやすくなります。

　さらにフラックスは、母材の金属表面に流れたはんだの表面を覆ってコーティングします。高温で融けたはんだは大気中では一瞬で酸化し始めますが、フラックスでコーティングされていることで、③の酸化を防ぐ役割を担います。

　ただし、フラックスでコーティングされている時間は非常に短く、数秒程度しかありません（フラックスはアルコール溶剤で希釈されており、蒸発が早いためです）。したがって、<u>フラックスが、融けたはんだの表面をコーティングしている短い時間内に、はんだ付けを完了させる必要があります</u>。言い換えると、この短い時間内に約250℃で約3秒間という熱エネルギーをはんだに与える必要があるということです。

　フラックスは、<u>母材やコテ先、溶融はんだが高温になるほど蒸発が早くなり、フラックスの活性化時間は短くなります</u>。また、<u>コテ先の熱を素早く母材とはんだに伝えないと、フラックスが蒸発する前に、適切な熱量を供給することが出来ません</u>。コテ先温度を340℃程度に抑えたい理由と、コテ先と母材との接触面積を大きくして素早く熱を伝えたい理由がここにあります。

　はんだを融かすことだけに気を取られて、フラックスの働きを知らずにいると、上手なはんだ付けは出来ません。<u>はんだと母材の温度と、フラックスが蒸発して活性力を失うまでの時間をいかにコントロールする</u>かがはんだ付け成功のカギになります。

金属表面の汚れを除去する

はんだの流れをよくする

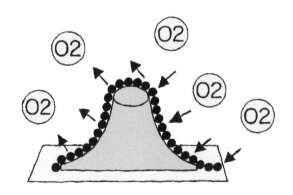

金属の再酸化を防ぐ

図 5.2.1 フラックスの 3 つの動き

5-3 フラックスの上手な使い方

　図5.3.1に糸ハンダを斜めにカットした写真を示します。糸ハンダは、図5.3.2のようにフラックスをカッパ巻きのキュウリのように、チューブ状に含んでいます。この写真ではフラックスのチューブが3本入っていますが、メーカーや形式、はんだの太さなどによって1本、2本、5本のものなどいろいろなタイプがあります。

　図5.3.3にはんだ付け作業の際、糸はんだの中から出てきたフラックスと、煙となって蒸発するフラックスを示します。糸ハンダに含まれているフラックスはわずかです。糸ハンダを熱して融かすと同時にフラックスが溶出してきますが、すぐに蒸発が始まり、数秒で煙となって全て蒸発してしまいます。したがって、この短い時間をできるだけ長く有効に使うための技術が重要になってきます。

　昔は、母材にコテ先を当てて十分に母材を温めてから糸はんだを供給するのが主流でした。しかし、現在では電子部品やスイッチの端子、コネクタの端子などが総じてかなり小型化されてきています。このため、高温のコテ先を当てて先に母材を加熱すると、母材の温度が上がりすぎてしまうことが多くなりました。母材の温度が上がりすぎると、電子部品の端子などの母材が先に酸化してしまい、同時にフラックスの蒸発も

図5.3.1 糸はんだの断面

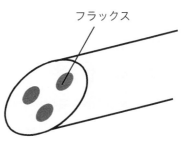

フラックス

図5.3.2 糸はんだの中にチューブ状にフラックスがが入っている

早くなってしまいます。

　そこで、現在では**図 5.3.4**、**図 5.3.5** のように、コテ先を当てる際に糸はんだを挟み込んではんだを融かすか、あらかじめコテ先に少しだけはんだを融かして付着させたうえで母材に当てる方法が主流となっています。このとき、コテ先を母材の近くに待機しておいて、コテ先にはんだを融かして付着させ、すぐにコテ先を当てます。フラックスをなるべく蒸発させないためです。

　こうしてコテ先を母材に当てた後、最初に融かしたはんだ（あるいはコテ先に付着させたはんだ）がフラックスの後を追って母材の上を流れ始めたら、母材の温度ははんだの融点より高くなっていますのではんだが融ける温度になっていると分かります。はんだ付け作業中に最も高温になるのはコテ先ですので、糸はんだはコテ先に直接接触させず、コテ先の近くの母材の上（0.5 ～ 2 mm 程度の距離）で融かしたほうが、フラックスが活性化している時間を長くすることができます。

　また、勘違いしやすいのですが、コテ先をチョンチョンと母材から離したり接触させたりする動作をしてはいけません。フラックスは 90℃

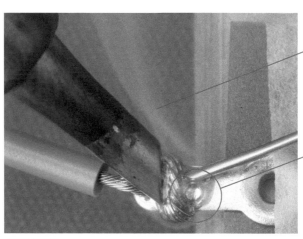

煙となって
蒸発する
フラックス

出てきた
フラックス

図 5.3.3 糸はんだから出てきたフラックスと蒸発するフラックス

程度から蒸発するため、はんだが母材に十分流れるまでにフラックスが蒸発し、活性が失われてしまうからです。熱し始めたら一気に母材に熱を伝え、フラックスが活性化している短い時間内にはんだを母材に流し込みます。

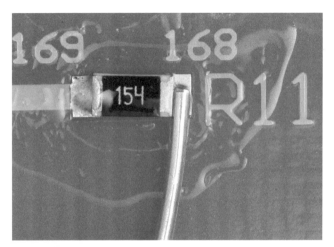

図5.3.4 糸はんだを母材の上に置く

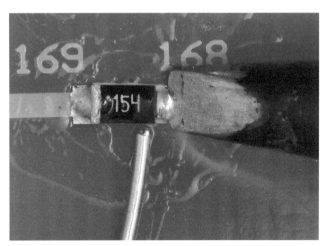

図5.3.5 糸はんだを融かしながら母材にコテ先を当てる

5-4 フラックスの塗布

　フラックスの重要性は理解していただけたと思いますが、糸ハンダに含まれるフラックスだけでは、どうしても足りないという状況になることがあります。最近では、部品が超小型化しているため、電子部品の端子も極限まで小さくなっています。この小さな端子に必要なはんだ量は極微量になるため、糸はんだに含まれるフラックスの量では絶対量が不足します。この場合、フラックスを直接、母材に塗布して使います。フラックスはアルコール溶剤で希釈されており、液体やペースト状にされて販売されています。

　液体フラックスは、**図 5.4.1** のような小瓶に入れられて販売されており、容器のフタに小さな刷毛が付いていて塗布できるようになっています。

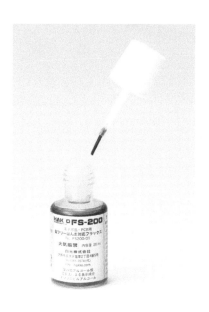

図 5.4.1 フラックス入り小瓶と塗布用の刷毛
（HAKKO 製、FS-200）

図 5.4.2 のように刷毛でフラックスを塗布して使用しますが、使ってみると驚くほどはんだ付けが簡単に出来ることがわかります。まさに魔法の液体です。

　ただし、ひとつだけ注意しておかなければならないことがあります。熱を加えて活性化が終了していない生のフラックスは電解液です。生のフラックスには導通がありますので、ショートやリークを引き起こします。また、生のフラックスには強力な腐食作用があり（電気分解を引き起こします）、生のフラックスが残ったまま電流を流すと回路や部品の電極を激しく腐食します。そのため、フラックスを塗布した場合は、生のフラックスが残らないように丁寧に掃除する必要があります。図 5.4.3 のように、IPA と歯ブラシなどを使ってフラックスを溶かしてウエスで拭き取ります。

　フラックスの中には「無洗浄タイプのフラックス」というものがありますが、これは熱を十分に掛けて活性化が終了したフラックスの残渣は洗浄しなくて良いという意味です。「無洗浄タイプのフラックス」であっても、生のフラックスは同様に導通があり、強力な腐食作用があります。

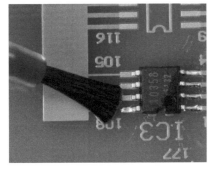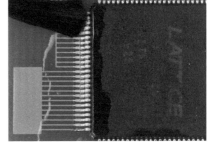

図 5.4.2 刷毛によるフラックスの塗布

IPA の入ったハンドラップと歯ブラシ

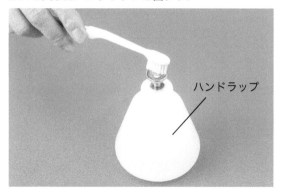

ハンドラップ

IPA と歯ブラシでフラックスを溶かす

溶かしたフラックスをウエスで拭き取る

図 5.4.3 生のフラックスの掃除

また、図 5.4.4 のようにコネクタの端子にはんだ付けする場合は、フラックスを塗布しない方が良いでしょう。アルコール溶剤で希釈されたフラックスは、高温になると超流動的に狭い隙間へ入り込んでいくため、塗布したフラックスを掃除することが困難です。フラックスがコネクタピンにまで付着すると導通不良などの原因にもなります。そのため、糸はんだに含まれるフラックスだけではんだ付けを完成させる必要があります。

図 5.4.4 　D サブクネクタへのリード線はんだ付け

5-5 フラックス残渣

　フラックスは熱を加えて活性化させると、図 5.5.1 のような透明の樹脂状に固まります。手で触れてもベタつくことはありません。目安にしてください。活性化して樹脂状になったフラックスは高い絶縁性を持ちますので、通常の使用であれば特に洗浄などは必要ありません。糸は

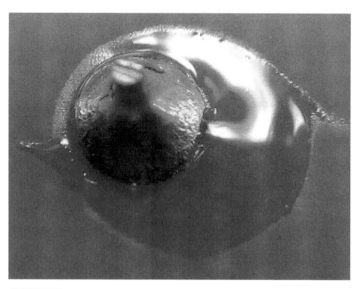

んだから出てきたフラックスは活性化が終了しています。

　そのため、家電品や産業機器向け電気製品では、フラックスを塗布せず糸はんだだけではんだ付けされた場合は、フラックスの掃除を求められることはありません。ただし、航空・宇宙や軍事、医療分野など、不具合が直接人命に関わる分野では、すべてのフラックスを完全に掃除することが求められます。例えば、航空機では高度 10,000 mもの高度まで上昇して、地上に降りてくると電子部品が実装された基板が結露する可能性が高くなります。樹脂状になったフラックスは高い絶縁性を持つとはいえ、水分を吸湿したフラックス残渣はノイズなどの原因になる可能性があります。万一が許されない環境で使用される電子機器には、わずかな事故の可能性の芽を摘むために高度な品質を要求されます。このように、使用される環境によって求められる品質は異なります。全てを一緒にしてしまうことは出来ないことを理解しておいてください。

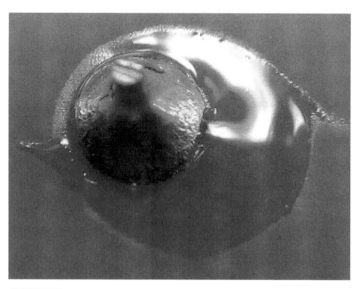

図 5.5.1 透明の樹脂状に固まったフラックス（フラックス残渣）

第 5 章 の ま と め

ここに気をつけましょう

● フラックスは数秒で蒸発して、活性力を失います。蒸発量を少なくするため、母材の温度をなるべく上げないように母材とコテ先の間にはんだを挟み込んで融かす方法や、加熱時間を短くするためにあらかじめコテ先に少しだけはんだを融かして付着させ、母材に熱をすばやく伝える方法が取られます。

● 生のフラックスには腐食作用があり、電気回路や部品の電極を腐食します。そのため、生のフラックスが残らないよう丁寧に掃除することが必要です。また、生のフラックスは導電性を持つため、残っているとリークやショートの原因となります。

第 **6** 章

はんだ付けの
仕上がり状態

良い仕上がりのはんだは、図6.1.1のようにピカッと光っており、その形状は富士山のように立体的なカーブを持つ裾広がりの形になります。この裾広がりの形状のことを「フィレット」と呼んでおり、はんだ付けの良否を見分けるための重要な言葉になります。必ず覚えておきましょう。

ココがポイント!

図6.1.2のように、フィレットが形成されていることが良いハンダ付けの条件です。

図6.1.1 良い仕上がりのはんだ

フィレットの例をいくつかご覧いただきます。図 6.1.2 に示すのが、適切なはんだ量と美しいフィレットです。

ランド上で 2 本のリードをクリンチしてはんだ付け

SOP のリードはんだ付け部

ダイオードブリッジのリードはんだ付け部

D サブコネクタのカップ端子はんだ付け部

チップ抵抗のはんだ付け部

ラグ端子にリード線をカラゲはんだ付け

図6.1.2 フィレットの例

基本的にどのような電子部品、リード線、端子であってもフィレットが形成されていることが、良いはんだ付けであることの条件になります。

一方で、はんだ付け不良とされる仕上がりには、大きく５つあります。言い換えれば、下のような５つの発生原因があります。

① 熱不足

② 加熱しすぎ（オーバーヒート）

③ はんだ量過多

④ はんだ量過少

⑤ 母材への濡れ不良

フィレットが形成されない原因は、５つのうちのどれかに該当しますので、原因に対して適切な対策を取れば良いはんだ付けを行うことが出来ます。

6-2　不具合の原因① ― 熱不足

図 6.2.1 で、熱不足によるイモはんだの例を見ていきましょう。

いかがでしょうか？　水滴のように丸く膨らんだ形状をしており、「まだ融けているのではないか？」と思わせるほど美しい独特のツヤがあります。これが熱不足のはんだの特徴であり、慣れれば簡単に見分けることが出来るようになります。

ところが、特に 図 6.2.1 で最初に示したのような熱不足の不良品を良いはんだ付けだと誤解、勘違いされている方が多く（世界的にも多い）、不具合のある電気製品が市場に出回る原因となっています。たしかに一見すると、たくさんはんだが付いていて丈夫そうに見えてしまいます。実は、これらの写真は意図的に熱不足の状態を作ってはんだ付けしたものです。これらの写真のようなはんだ付けでは、リード線とはんだ、あるいは銅パターンとはんだが馴染んでおらず、合金層が完全に形成されていない事例が多く見られます。

このため、このようなはんだ付けがされた電気製品に、実際に電流を流して使用すると、時間の経過とともに、導通不良を起こして発熱したり、発火したりする原因となります。このような、熱不足により丸く膨らんだ形状のはんだのことを「イモはんだ」と呼ぶことがあります。

部品（抵抗）のリードを基板のスルーホールに挿入してはんだ付けしたもの
※はんだ量が多く、丸い形状。

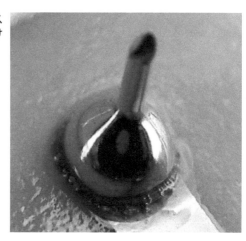

ダイオードブリッジのリードを基板にはんだ付けしたもの
※はんだ量が多く、丸い形状。リードの下にはんだが流れていない。

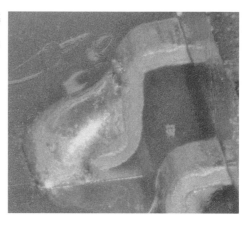

Dサブコネクタのカップ端子に
リード線をはんだ付けしたもの
※はんだ量が多く、丸い形状。カップ
にはんだが濡れていない。

チップ抵抗を基板にはんだ付けし
たもの
※はんだ量が多く、丸い形状。抵抗の
端子と基板の間に、はんだが流れてい
ない。

ラグ端子にリードをカラゲて、は
んだ付けしたもの
※はんだ量が多く、丸い形状。はんだ
が端子、リード線に濡れている。

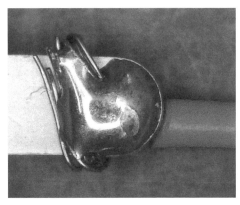

図 6.2.1 熱不足の例

　はんだが水滴のように表面張力で外側に向かって膨らんでいる状態は、単純にはんだが融けて固まっただけだと考えることができます。例えるなら、**図 6.2.2** のように水が葉っぱの上で丸く水滴になっている状態と同じです。このまま固まると、**図 6.2.3** のようになって水滴のようにピカッと光り、丸く外側に膨らんだ形になります。

　対して、フィレットが形成されている状態というのは水を弾かない素材の上に、水をたらした状態です。**図 6.2.4** のように、紙や布に水滴

図 6.2.2　葉の上の水滴

図 6.2.3　アルミ板の上のはんだ

が落ちた状態をイメージしてください。

　まさに染み込む瞬間、はんだは母材とできるだけ広い範囲で接触しようとするため、裾は広がり、外側に対しては凹んだような形となるわけです。ハンダが馴染むということは、わずかながら母材にハンダが浸透しているわけですから（1〜3ミクロン）、図 6.2.5 のように液体となったハンダが水と同じような形状になるのも納得できます。

図 6.2.4　布の上の水滴

図 6.2.5　銅版の上の濡れ広がったはんだ

6-3 不具合の原因② ─ 加熱しすぎ（オーバーヒート）

　はんだを加熱し過ぎると、まずフラックスが蒸発して、はんだ表面を覆っていたフラックス膜が破れます。同時に大気と触れた液状のはんだは酸化を始めて白っぽく変色し、表面に凹凸のある、ザラザラな触りごこちに変質します。さらに、銅とスズの合金層は成長し過ぎて、原子空孔が多数発生してスカスカに脆くなっていきます。

　図6.3.1で、加熱しすぎによって（オーバーヒート）不良になった例を見ていきましょう。

部品（抵抗）のリードを基板のスルーホールに挿入してはんだ付けしたもの
※表面が白く、凸凹に変質。フラックス膜が無く、フラックスの焦げた固まりが点々と見える。

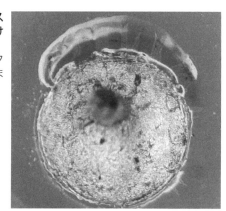

ダイオードブリッジのリードを基板にはんだ付けしたもの
※表面が白く、凸凹に変質。フラックス膜が無く、フラックスの焦げた固まりが周囲に見える。

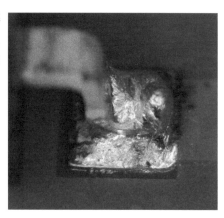

Ｄサブコネクタのカップ端子に
リード線をはんだ付けしたもの
※表面が白く、凸凹に変質。フラック
ス膜が無い。はんだ量が多い。

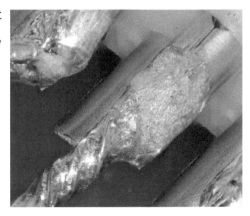

チップ抵抗を基板にはんだ付けし
たもの
※表面が白く、凸凹に変質。

ラグ端子にリード線をカラゲて、
はんだ付けしたもの
※表面が白く、凸凹に変質。フラック
ス膜が無く、フラックスの焦げた固ま
りが点々と見える。

図6.3.1 オーバーヒートの例

　いろいろな部品の加熱し過ぎた不良品をご覧いただきました。フラックス膜が破れて、あちこちに破れたカスがこびり付いて焼け焦げているのが観察できます。はんだの表面もオーバーヒートに特有の凸凹、ザラザラ感があります。逆に、フラックス膜でキレイに覆われた状態が**図6.3.2**です。

　比較すると違いがよくわかります。こうした加熱しすぎにより表面が凸凹、ザラザラに変質したはんだ付けのことも「イモはんだ」と呼ばれます。先ほどの熱不足不良も「イモはんだ」と呼ばれていましたが、不良の発生原因は正反対です。一口にイモはんだと言っても、その原因と対策は正反対になりますので注意が必要です。

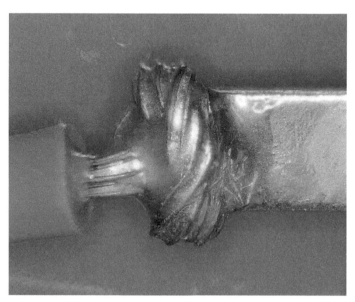

図 6.3.2 フラックス膜でキレイに覆われたはんだ付け部

　前述のとおり、フィレットが形成されていることが良品の条件です。ということは、フィレットが観察できないほどはんだ量が多い場合は「はんだ量過多」という判定を下すことになります。では、図 6.4.1 ではんだ量が多すぎる不良品の写真を見ていきましょう。

部品（抵抗）のリードを基板のスルーホールに挿入してはんだ付けしたもの
※はんだが外側に丸く膨らんだ形状。

SOP のリードを基板にはんだ付けしたもの
※はんだが外側に丸く膨らんだ形状。端子の形状がわからない。

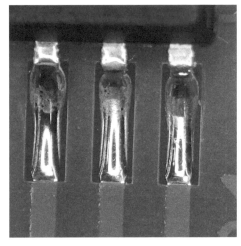

Ｄサブコネクタのカップ端子に
リード線をはんだ付けしたもの
※はんだが外側に丸く膨らんだ形状。
リード線のより線の形状がわからな
い。

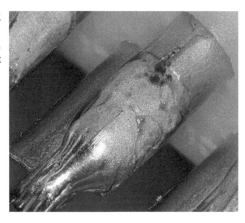

チップ抵抗を基板にはんだ付けし
たもの
※はんだが外側に丸く膨らんだ形状。
端子の形状がわからない。

ラグ端子にリード線をカラゲて、
はんだ付けしたもの
※はんだが外側に丸く膨らんだ形状。
リード線のより線の形状がわからな
い。

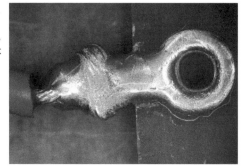

図 6.4.1 はんだ量過多の例

これらの写真を見て「え？　これが多すぎるのか？」と思われる方もいると思いますが、5枚の写真はすべてが、丸く膨らんだ形状をしています。これではフィレットが観察できませんし、第三者から見ると熱不足の状態と見分けがつきません。はんだ量が多くなりすぎないように注意して、基本的にどんな部品でも、リードや端子の形状が見える形ではんだ付けします。はんだ量を多くしたほうが強くなるように考えてしまうのは、気持ちの上では分かりますが、1章で述べたように、はんだ付けは1～3ミクロンの合金層によって接合されています。すなわち、はんだ量を多くしても接合強度は変わりません。フィレットが形成されていて、良い条件ではんだ付けされていることを誰が見ても分かるように証明するためには、図6.4.1のはんだ量では多すぎるわけです。

6-5　不具合の原因④ ― はんだ量過少(少なすぎる)

　先ほどとは反対に、はんだ量が少なすぎてフィレットが観察できない場合も不良になります。図6.5.1で、はんだ量が少なすぎる不良例を見ていきましょう。

　はんだ付けは、1～3ミクロンの厚さの合金層で接合されているとはいえ、フィレットが形成されないほど少ないはんだ量では、せん断応力が弱くなってしまいます。また、はんだの導電率は銅の10分の1程度しかありません。わずかな接触面積で母材とはんだが接触した状態で電流を流すと抵抗値が大きくなって発熱する恐れがあります。このように、はんだ量が少なすぎても不良となります。

部品（抵抗）のリードを基板のスルーホールに挿入してはんだ付けしたもの

※基板のランド上の平らな面に、はんだの厚みがない。銅箔が大きく露出している。

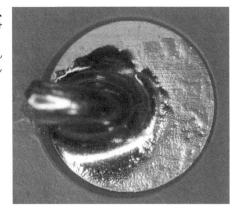

ＳＯＰのリードを基板にはんだ付けしたもの

※フィレットが無い。基板のランド上の平らな面に、はんだの厚みがない。

Ｄサブコネクタのカップ端子にリード線をはんだ付けしたもの

※はんだがカップ端子に充填されていない。穴が空いている。

チップ抵抗を基板にはんだ付けしたもの
※フィレットが無い。基板のランド上、端子の平らな面に、はんだの厚みがない。

ラグ端子にリード線をカラゲて、はんだ付けしたもの
※リード線にはんだが浸透していない。フィレットが無い。

図 6.5.1 はんだ量過少の例

6-6 不具合の原因⑤ ─ 母材への濡れ不良

　はんだ付け不良で意外に多いのが、母材への濡れ不良です。母材となる金属は、大気中では表面が徐々に酸化して、はんだに濡れにくくなっていきます。また、はんだ付け時に不必要に母材の温度を上げると、表面の酸化を促進してしまいます。昔は、母材の温度を十分に上げてから

はんだを供給するのが主流でしたが、最近では、はんだの供給と同時にコテ先を当てることで、母材の温度を必要最低限の温度までしか上げないようにする方法が多くなってきました。それでは、**図 6.6.1** で母材への濡れ不良の例を見ていきましょう。

部品（抵抗）のリードを基板のスルーホールに挿入してはんだ付けしたもの
※基板のランド面がはんだに濡れていない。熱不足またはランド面が汚れている可能性がある。

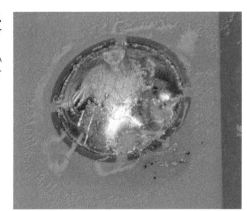

SOP のリードを基板にはんだ付けしたもの
※端子がはんだに濡れていない。リードの下の基板のランドがはんだに濡れていない（バックフィレットが無い）熱不足の可能性が大きい。

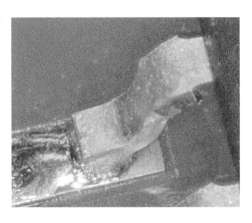

**Dサブコネクタのカップ端子に
リード線をはんだ付けしたもの**
※リード線がはんだを弾いている（濡
れていない）。リード線が酸化してい
る。予備はんだを失敗してリード線を
酸化させた状況。

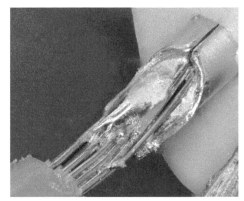

**チップ抵抗を基板にはんだ付けし
たもの**
※フィレットが無い。抵抗の端子がは
んだに濡れていない。端子の温度が上
がっていない。あるいは、抵抗端子が
酸化している。

**ラグ端子にリード線をカラゲて、
はんだ付けしたもの**
※リード線がはんだを弾いている（濡
れていない）。リード線が酸化してい
る。あるいは、コテ先がリード線に当
たっていないため、温度が上がってい
ない。

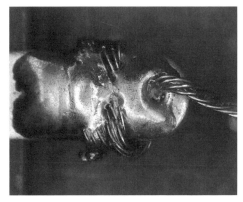

図 6.6.1 母材の濡れ不良の例

母材への濡れ不良の原因は、次の3つが考えられます。

① 母材そのものが酸化や汚れの付着で、はんだに濡れにくくなって起こる場合（例えば、長期保管した部品のスズメッキ表面に、下地のニッケルメッキのニッケル原子が拡散して現れ濡れにくくなるケースや、部品を保管していた袋や箱の中で部品表面が硫化して濡れにくくなることなども考えられます）

② 熱不足で母材の温度が上がっていない場合

③ フラックス不足で表面の酸化膜が除去されていない場合

①の場合は部品や基板、リード線を疑う必要があり、②③の場合ははんだ付けの技術・道具を疑う必要があります。

また、不良の発生原因は、次の3つに分類されます。

① 作業者のスキル

② 道具

③ はんだ付けの対象物

いずれも、はんだ付けの正しい基礎知識を知っていなければ単に「作業者の腕が悪い」の一言で済まされてしまいがちですが、不良の発生には必ず理由があります。それぞれどのタイプの不具合なのか、その発生原因は何なのかをよく考えて適切な対策を取るようにしましょう。

豆知識 5 はんだ付けの道具の名称

　基本的な道具を理解しておきましょう。図 c5.1 に「ハンダゴテ」を示します。図 c5.2 にコテ先の拡大図を示します。コテ先は、はんだ付け対象物に合わせて交換して使用します。

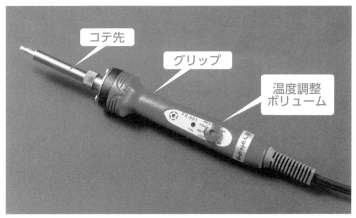

コテ先
グリップ
温度調整ボリューム

図 c5.1
ハンダゴテ

ヒーターカバー
袋ナット
ヒーター
コテ先

図 c5.2
コテ先

図 c5.3 にははんだ付け作業で使用する道具を示します。

コテ先カバー　　フラックス　　コテ台

クリーニング
スポンジ

糸はんだ

はんだゴテ

ウィック（Wick）　　交換用コテ先

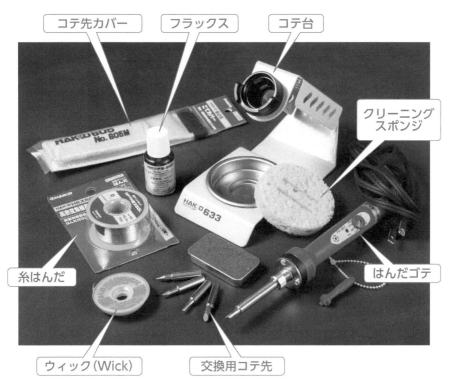

図 c5.3
はんだ付け作業で使用する道具

第6章のまとめ

ここに気をつけましょう

●はんだ付けの良し悪しを判断するためには、フィレットが形成されているかどうかを確認しましょう。良いはんだは裾広がりで富士山のような形状をしています。

●悪いはんだには大きく分けて5つの発生要因があります。はんだの仕上がりから、不良要因を特定しましょう。要因が分かれば対策を取ることもできます。

第 **7** 章

はんだ付け作業の
実例

7-1 はんだ付け作業の準備

　図 7.1.1 に、はんだ付け作業を始める前に準備しておきたい道具や材料、小物類を示します。はんだ付け作業の前に準備しておきましょう。また、はんだ付け作業は明るい照明の下で行うことが望ましいでしょう。天井灯だけでは照度が不足しがちですので、照明用のスタンドを用意しましょう。

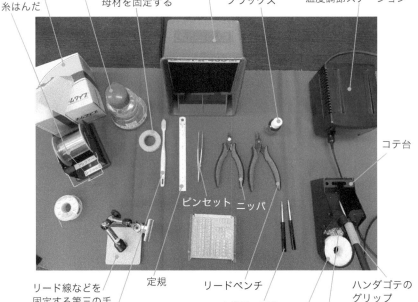

ウエス（フラックスを洗浄したＩＰＡを拭き取る）
　ＩＰＡが入ったハンドラップ
　（ＩＰＡを少量づつ吐出できる）　　吸煙器（フラックスの煙が顔にかかるのを防ぐ）
ヤニ入り　　　　マスキングテープ　　少量ボトル入り　ハンダゴテの
糸はんだ　　　　母材を固定する　　　フラックス　　　温度調節ステーション

コテ台

ピンセット　ニッパ

リード線などを　　　定規　　リードペンチ　　　　　　　ハンダゴテの
固定する第三の手　　　　　　　　　　　　　　　　　　　グリップ
　　　　　　　　　　　　　　　　交換用コテ先　　　　　コテ先掃除用ワイヤー
歯ブラシ（フラックスを掃除するためのもの。　　　　　　コテ先掃除用スポンジ
IPA を付けてゴシゴシこする）

図7.1.1 はんだ付けに必要な道具や小物

7-2 チップ抵抗（表面実装）のはんだ付けの例

　表面実装タイプの部品のはんだ付けは、基板面（ランド面）から熱を伝えるのが大原則です。コテ先の形状は、**図 7.2.1**、**図 7.2.2** のように、D型（マイナスドライバー型）を使用するのが、ランド面とチップ抵抗の電極を同時に温めやすいため適しています。

　例えば、3216 サイズ（3.2 mm ×1.6 mm）のチップ抵抗であれば、φ 0.3 mm程度の太さの糸はんだを使用すると、はんだ量のコントロールが容易です（φ 0.5 mmでも可）。それぞれの糸はんだを**図 7.2.3** に示します。コテ先温度は、340℃程度に設定します。

図 7.2.1 3216（3.2 mm ×1.6 mm）チップ抵抗と 2.4D 型コテ先

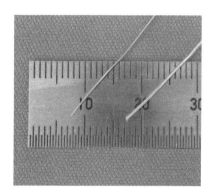

図 7.2.3 φ 0.3 mmとφ 0.5 mmの糸はんだの例

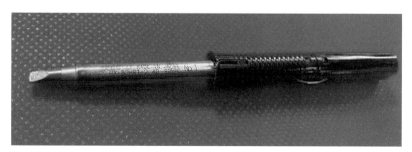

図 7.2.2 2.4D 型コテ先

①予備はんだ

　図 7.2.4 のように、チップ抵抗をはんだ付けする、2 つのランドの片側に予備はんだ付けをします（両方に施してはいけませんので、注意しましょう）。この場面における予備はんだとは、チップ抵抗を基板に固定するため、あらかじめ基板のランドに少量のはんだを融かして付けておくことを指します。

　図 7.2.5 のように、糸はんだを片方のランドの上に置き、その上からコテ先でそっと押さえるようにしてはんだを融かすと、簡単にランドに予備はんだ出来ます（はさみはんだと呼ばれる手法です）。仕上がりは図 7.2.6 のようになります。

図 7.2.4 ランドの上に糸はんだを置く

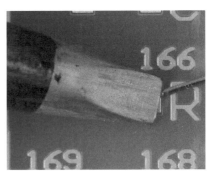

図 7.2.5 コテ先を糸はんだの上から
そっと押さえて融かす

図 7.2.6 予備はんだされたランド

②仮はんだ付け

次に、予備はんだしたランドに、チップ抵抗を置いて片側の電極をはんだ付けして固定します。ここではチップ抵抗を基板に位置決めすることが目的ですので、はんだの仕上がり状態は問いません（後の工程で本はんだ付けを行なうため、はんだ量は少量のほうが良いでしょう）。

基板のランド面から電極がずれて実装されないよう、仮はんだ付けでは慎重に位置決めをします。右利きの方の場合は、**図 7.2.7** のように左手にピンセットを持ち、チップ抵抗をつまんで予備はんだを施したランドの上に、チップ抵抗の電極を重ねるように置きます。

図 7.2.7 ピンセットでチップ抵抗を位置決め

図 7.2.8 予備はんだを融かしてチップ抵抗の電極をはんだ付け

③片側をはんだ付けする

　図7.2.8のようにチップ抵抗をピンセットでつまんで位置決めしたまま、コテ先を予備はんだのはんだに当てて融かし、チップ抵抗の電極をはんだ付けします。

　この状態で基板を横から見て、図7.2.9のようにチップ抵抗が浮いている場合は、図7.2.10のようにピンセットでそっと押さえながら再度コテ先を当ててはんだを融かし、浮きを解消します。

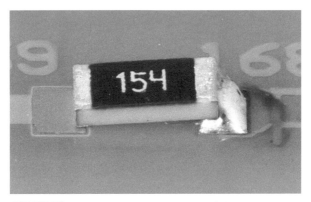

図7.2.9 仮はんだ付けで浮いたチップ抵抗

図7.2.10 ピンセットでチップ抵抗を押さえながら、
はんだを融かして修正

チップ抵抗が浮きにくい方法を紹介します。

①図 7.2.11 のように、ピンセットでチップ抵抗をつまんで、ランドのすぐ近くの基板面に待機しておきます。次に、予備はんだを施したランド上にコテ先を置いてはんだを融かします。

②図 7.2.12 のように、チップ抵抗を基板の上を滑らせながら、コテ先に当たるところまで滑り込ませます。

③図 7.2.13 のように、コテ先を離して、はんだが固まるのを待ちます。

図 7.2.11

予備はんだを融かしながら、横から
チップ抵抗を滑り込ませる

図 7.2.12

コテ先をストッパーとして利用し
て、コテ先、ピンセットの三点で支
えて位置決めする

図 7.2.13

まず、コテ先を離脱し、はんだが固
まるまでピンセットで支え、その後
ピンセットを離脱する

④もう片側もはんだ付けする

　次に反対側の電極をはんだ付けします。まずは、図 7.2.14 のように、フラックスをチップ抵抗の電極とランド面が濡れるように塗布します。

　図 7.2.15 のように、基板を 180 度回転して、はんだ付けされていない方のランドの上に糸はんだを置きます。

図 7.2.14　フラックスを塗布する

図 7.2.15　糸はんだを置く

図 7.2.16 のように、コテ先をそっと基板の上に置き、基板の上を滑らせ、図 7.2.17 のように、糸はんだを融かしながらチップ抵抗の電極部に当てます（電極に当てる時間は 1 秒程度です）。

コテ先を基板の上を滑らせ糸はんだを溶かしながら
チップ抵抗の電極に当てる

図 7.2.16　ごく軽い力で、コテ先を基板の上にそっと置いて
滑らせる

図 7.2.17　糸はんだを融かしながらコテ先
を電極部に当てる

図 7.2.18 のように、フラックスの働きで、はんだがランド面やチップ抵抗の電極部表面を覆います。このとき、糸はんだはコテ先が触れた部分だけが融けるので不必要に多くのはんだが供給されません。正しいはんだ付けが出来ていれば、図 7.2.19 のようにフィレットが形成されます。

　反対側の仮はんだ付けして固定した側の電極も、同様にはんだ付けを行います（忘れないようにしましょう）。このとき、図 7.2.20 のようにランドに置く糸はんだの長さを調整することで、追加するはんだ量を調節することが出来ます。

図 7.2.18 はんだがランド面やチップ抵抗の電極部表面を覆ってフィレットを形成

図 7.2.19 フィレットが形成された良いはんだ付け

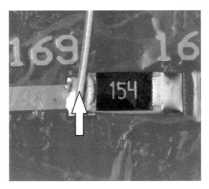

図 7.2.20 糸はんだを置く長さではんだ量を調節

⑤フラックスの洗浄と確認を行う

　はんだ付けが完了後、フラックスを塗布した場合は洗浄を行ないます。IPA などの溶剤と歯ブラシを使って歯磨きのようにブラッシングしてやると、フラックスが IPA に溶け出しますので、ウエスやキムワイプなどで拭き取ります。何度か繰り返すと、完全にフラックスを除去できます。作業の様子は 69 頁を参照してください。

　最後に、はんだ付けの状態を確認して完成です。はんだ量が多くなり過ぎないように、フィレットが形成されているかをチェックしてください。完成したものは**図 7.2.21** のようになります。

図 7.2.21　完成したチップ抵抗のはんだ付け

※一般的な電子部品やリード線、コネクタへのはんだ付けなどのはんだ付けテクニックを学びたい方は、別冊の「目で見てわかるはんだ付け作業の実践テクニック」をご覧ください。

ウイック（Wick）の使い方

はんだを除去する際に使用します。銅線を編んだものにフラックスをコーティングしてあります。はんだを除去したいところへウィックを載せて、上からハンダゴテで加熱することで、銅線を編んだものにはんだを染み込ませます。

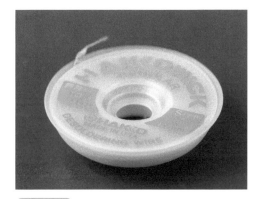

図 c6.1　ウィック

図 c6.2　はんだを除去したいところへウィックを載せる

ウィックを使うコツは、ウィックと母材に広い面積でコテ先が当たるようにすること（基板に実装された部品なら、部品の端子ではなく、基

板面に押し当てるように当てること）です。また、ウィックを離す際に、先にコテ先を離してしまうとウィックが母材にはんだ付けされてしまいますので、コテ先とウィックは同時に離します。はんだを吸い込んで色が変色したウィックは、ニッパでカットして除去します。

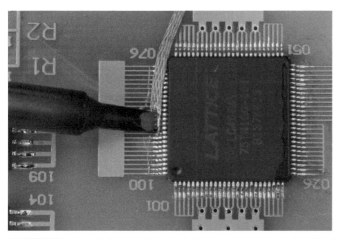

図 c6.3 　ハンダゴテで加熱して余分なはんだをウィックに染み込ませる

図 c6.4 　ウィックを加熱しながら母材から離脱する

第 7 章 の ま と め

ここに気をつけましょう

● はんだ付けの前に、使用する道具の確認は必ず行います。写真を参考に、道具を一式用意しましょう。

● はんだ付けの順序を理解しましょう。予備はんだ、仮はんだの後、実際に片側ずつはんだ付けしていきます。

第 **8** 章

はんだ付けと
健康

　ハンダゴテのコテ先は 300℃以上の高温になります。皮膚に触れると
とやけどをしますので、コテ先に触らないよう注意が必要です。また、
融けて固まったはんだもすぐに触れるとやけどをします。「キレイに
できたなあ……」と触りたくなりますが、すぐに触ってはいけません。
万一うっかり触って、やけどをした際は、水道などの流水で冷やすこと
が最優先です。流しなどで、とにかく冷やしましょう。

　図 8.1.1 と図 8.1.2 に、はんだ付けの際に出る煙を直接吸い込まな
いように、はんだ付け器具メーカーから出されている吸煙器を示します。
糸ハンダを融かした時に出る白い煙は、糸はんだに含まれているフラッ
クスが蒸発したものです。フラックスにはハロゲン化合物などの人体に
有害な物質も含まれているため、直接吸い込んでしまうと喉を痛めます。

　さらに、共晶はんだでははんだに含まれる鉛成分も、わずかではあり
ますがフラックスに溶け込んで空気中に拡散するため、空気と一緒に人
体に入り込む可能性があります。鉛成分が早く蓄積する体質の方がいま
すので、はんだ付け作業に従事する方は定期健診で血中鉛濃度を測定す

図8.1.1 吸煙器の例
　　　　（HAKKO 製、FA-400）

図8.1.2 吸煙器の例
　　　　（GOOT 製、SS-10S）

ることをおすすめします。特に、妊娠初期の方は共晶はんだを使ったはんだ付け作業からは、いったん離れることをお薦めします。

　また、吸煙器を使っても、狭い室内では煙がすぐに充満してしまいます。図8.1.3のように、部屋の換気にも十分気をつけましょう。扇風機の風などを、はんだ付け作業をしているところに直接送って煙を避けている方をたまに見かけます。しかし、母材やハンダゴテに直接風を当ててしまうと、図8.1.4のように温度が急激に下がってしまい、正しいはんだ付けが出来ませんので避けましょう。クーラーの風が当たる場所や、窓の近くで風が直接吹き込むような場所もはんだ付けをする環境として適していません。はんだ付けが終わったら、図8.1.5のようにせっけんで手をよく洗い、うがいをする習慣を身に付けておきましょう。

図8.1.3 こまめに換気する

図8.1.4 熱を奪われる　　　　図8.1.5 手洗い、うがい

第 8 章 の ま と め

ここに気をつけましょう

● はんだ付けでは非常に高温なハンダゴテを使用する
　ため、思わぬ事故につながります。やけどには気を
　付けて作業しましょう。

● はんだ付けで出る煙を直接吸い込まないようにしま
　しょう。吸煙器を使用します。換気も必要ですが、
　ハンダゴテや母材に直接風が当たると、温度が下がっ
　て正しくはんだ付けできません。

おわりに

　いかがでしたか？　「はんだ付けなんて簡単に出来るよ！」と思っていた人も、自分が今まで常識だと思っていたことが、ずいぶん違ったのではないでしょうか。例えば、適切なはんだ量は、ほとんどの方が考えているよりもずっと少ないのです。また、7章にチップ抵抗のはんだ付けの例を挙げましたが、コテ先の熱をどこからどのように伝えるのか？といったことを考えながらはんだ付けしている人は、ほとんどいないと思います。さらに言うと、はんだの温度をどうやって約250℃に温めるか？　ということまで考えながらはんだ付けしている人はもっと少ないでしょう。こうしたことを想像しながらはんだ付けしていくと、ハンダゴテの選定やコテ先形状の選択、糸はんだの太さや、供給ポイントなど、考えることは無限に出てきます。ぜひ、はんだ付けを楽しんでください。

（はんだ付けに光を！　野瀬昌治）

はんだ付け基本用語(50音順)

　イソプロピールアルコールの略。沸点 82.7℃。はんだ付け用のフラックスの希釈剤として使用されているため、はんだ付け後のフラックスの洗浄剤としても使用されます。

ウイック (Wick)

商品参考：GOOT製　CP-3015

　はんだ吸い取り線とも呼ばれます。細い銅線を編んだものにフラックスをコーティングしてあります。余分なはんだを融かしてこの網線に染み込ませることではんだを除去します。

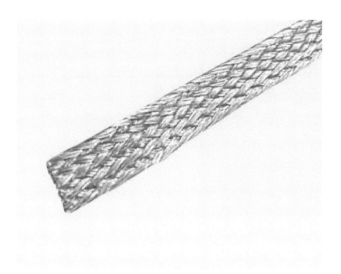

ウィックの拡大写真（細い銅線を編んで作られている）

基板 (PCB)

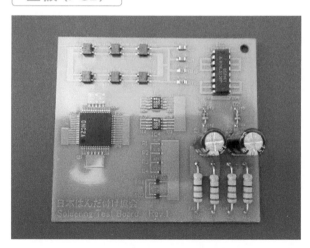

　はんだ付けして電気回路を作るための板。一般的にガラス繊維とエポキシ樹脂を積層して固めた板を基材としています。基板の表面には銅箔を貼り付けて複雑な電子回路を形成します。この写真では緑色の板の部分を指します。プリント基板と呼ばれることもよくあります。

クリンチ

　電子部品のリードを基板の穴に挿入し、部品が外れないようにリードを折り曲げること。

スルーホール

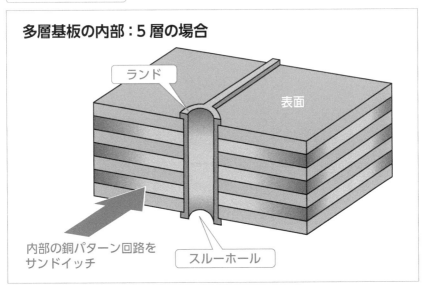

多層基板の内部：5層の場合

ランド

表面

内部の銅パターン回路を
サンドイッチ

スルーホール

　穴の内部に銅メッキが施されています。基板の表裏の導通を取れるようにした、基板に電子部品を取り付けるための穴。上図は基板の内部にも回路があり、内部の回路と表裏の回路も接続されている例です。

パッド

　プリント基板上で電子部品をはんだ付けするための銅箔の部分。
「ランド」とも呼ばれます。

表面実装

　基板の表面に載せた状態ではんだ付けすること。Surface Mount
Technology の頭文字を取って SMT と略されることもよくあります。
※表面実装部品とは、基板の表面に載せてはんだ付けする電子部品のことを指します。

【表面実装部品の例】

■ チップ抵抗

■ SOP (Small Outline Package)　　■ QFP (Quad Flat Package)

フラックス残渣

　はんだ付けが完了した後に、基板や電子部品の端子の上に残った（加
熱が完了した）フラックスのこと。赤丸で囲った半透明の樹脂状の付着
物がフラックス残渣です。

ブリッジ（ショート）

　余分な（多すぎる）はんだによって隣接する端子や導通部分が繋がってしまうこと。電気的にショートします。

　プリント基板の表面にランド（パッド）の周囲に塗布されている絶縁性の樹脂（緑、青、赤、黄などの色がある）。はんだが付着しにくくなっています。

■ 緑色のレジスト

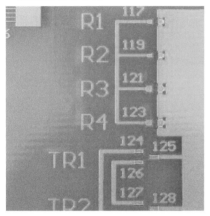

■ 黄色のレジスト

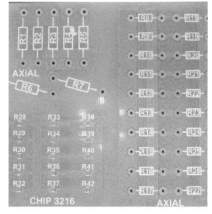

■ 青色のレジスト

索引

著者略歴

野瀬昌治 (のせ まさはる)

滋賀県東近江市出身。島根大学　理学部物理学科卒業　専攻は固体物理学。

大手制御機器メーカーの下請け企業を創業した父の元、製造業経営者の背中を見て育つ。NPO 日本はんだ付け協会を設立後、10 年で 4,000 人以上にはんだ付け講習を行ってきた経験から、わかりやすくはんだ付けの基礎知識・技術を教える腕を磨く。長年我流ではんだ付けをやってきた技術者、あるいは初心者に誤解や勘違いされないように正しいはんだ付けの基礎知識を伝えることに定評がある。

ハンダゴテを使ったはんだ付けの専門家として活動し、企業のはんだ付け技能教育に手腕を発揮。一部上場の自動車メーカー、電機メーカー、家電メーカー、JR、TV 放送局をはじめ、「タモリ倶楽部」などではんだ付け講師を務める。はんだ付けをわかりやすく教えることにかけては右に出る者はいない。毎年 400 人以上の受講者にはんだ付け技術を指導し、はんだ付けの業界では「はんだ付け職人さん」と呼ばれている。

「はんだ付けに光を！」「はんだ付けに対する誤解・勘違いを撲滅する！」という理念のもと、わかりやすいはんだ付け教育教材の開発に力を注いでいる。原因不明のはんだ付け不具合、クレームに苦しむ企業への理論的で的確なアドバイスにより、「はんだ付けの良し悪しを判断できるようになった」「はんだ付け作業に自信が持てるようになった」「はんだ付けの道具選びがいかに大事かが理解できた」「お客様からの信頼度が向上した」「はんだ付けが楽しくなった」という声が絶えない。

観るだけではんだ付けが出来る e ラーニングや、DVD 版の「はんだ付け基礎知識講座」も累計 5,000 枚以上を販売。大手メーカー、大学でも多数採用されている。

著書：
『目で見てわかるはんだ付け作業』（金属・鉱学部門 amazon ベストセラー 1 位）
『目で見てわかるはんだ付け作業ー鉛フリーはんだ編ー』
『目で見てわかるはんだ付け作業の実践テクニック』（いずれも日刊工業新聞社）
『「電子工作」「電子機器修理」が、うまくなる はんだ付けの職人技』（技術評論社）
『はんだ付け職人の下請け脱却プロジェクト：発明も特許も要らない！　自社商品の作り方』（kindle 版）

カラー版

目で見てナットク！はんだ付け作業

NDC 566.68

| 2021年3月29日 | 初版1刷発行 |
| 2024年9月30日 | 初版6刷発行 |

定価はカバーに表示してあります。

ⓒ著者　　　　野瀬昌治

発行者	井水治博
発行所	日刊工業新聞社　〒103-8548 東京都中央区日本橋小網町14番1号
	書籍編集部　電話 03-5644-7490
	販売・管理部　電話 03-5644-7403　FAX 03-5644-7400
	URL　　　　https://pub.nikkan.co.jp/
	e-mail　　　info_shuppan@nikkan.tech
	振替口座　　00190-2-186076

本文イラスト	榊原唯幸
本文デザイン・DTP	志岐デザイン事務所（岡崎善保・奥田陽子）
印刷・製本	新日本印刷㈱（POD5）

2021 Printed in Japan　　落丁・乱丁本はお取り替えいたします。
ISBN　978-4-526-08121-7 C3054